지은이 **가브리엘 대브스체크**
멜버른대학교 의학과를 졸업하고 멜버른왕립어린이병원과 시드니어린이병원에서 수련했습니다.
미국의 보스턴어린이병원과 하버드 의과대학교에서 펠로십을 마치고 현재 소아신경과 전문의로 일하고 있습니다.
어린이들이 자신의 잠재력을 발휘하도록 돕는 것을 기쁨으로 여기는 의사입니다.

그린이 **킴 슈**
오스트레일리아의 원주민 가디갈 영토에 거주하는 그림책 작가이자 벽화 예술가이자 카드 게임 디자이너입니다.
재미있는 캐릭터와 부드러운 색감으로 다양한 영역의 일러스트레이션을 선보이고 있습니다. 그림을 그린 책으로
《무서운 책》《사나운 소녀들》《내가 될 수 있는 모든 사람 : 어린이가 알아야 할 26명의 운동선수》가 있습니다.

옮긴이 **백정엽**
경희대학교 생물학과를 졸업하고 같은 대학에서 신경과학 박사학위를 받았습니다. 한국뇌신경과학회 정회원이며
정부출연연구기관 박사후연구원입니다. 생물학연구정보센터(BRIC) '한국을 빛내는 사람들'에 등재되었으며,
국제 학술지에 뇌 질환 치료 및 뇌 발달장애 연구 관련하여 다수의 논문을 게재했습니다. 과학을 즐기는 자 '과즐러'라는 이름의
과학 커뮤니케이터로 활동하면서 뇌과학뿐만 아니라 과학을 즐길 수 있는 다양한 과학 문화 콘텐츠를 소개 및 제작하고 있습니다.

ALL ABOUT THE BRAIN
Text © Gabriel Dabscheck
Illustrations © Kim Siew
First published in 2024 by Berbay Publishing Pty Ltd
All rights reserved
Korean translation copyright © Moalboal Book
Korean translation rights arranged with Berbay Publishing through Orange Agency

나의 첫 생명과학 ❶

뇌가 궁금해

초판 1쇄 발행 2025년 2월 10일

지은이 가브리엘 대브스체크 | **그린이** 킴 슈 | **옮긴이** 백정엽 | **감수** 백정엽 | **디자인** 나비
펴낸이 염미희 | **펴낸곳** 모알보알 | **제조국** 대한민국 | **사용연령** 5세 이상
출판등록 2023년 3월 9일 제386-2023-000023호 | **주소** 경기도 부천시 부흥로356번길 29
전화 070-8222-6991 | **팩스** 070-7966-2879 | **이메일** moalboalbook@gmail.com

ISBN 979-11-985713-8-0 74470
ISBN 979-11-985713-7-3 74470 (세트)

KC마크는 이 제품이 공통안전기준에 적합했음을 의미합니다. 책 모서리에 다치치 않게 주의하세요.

뇌가
궁금해

가브리엘 대브스체크 글 | **킴 슈** 그림 | **백정엽** 옮김

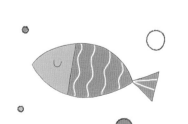

모알보알

내 몸의 대장, 뇌를 만나요.

뇌는 우리 몸에서 가장 중요한
기관이에요.
뇌는 눈, 귀, 코, 혀, 피부를 통해
다섯 가지 **감각** 신호를 모으고
어떻게 느낄지 결정해요.

뇌는 우리의 움직임과 생각을 조절해요.
또 **기억**을 저장하여 나를 특별하게 만들어 주지요.
뇌는 꽤 바쁘답니다.

지금도 여러분의 뇌는 이 책을
읽거나 듣고 있지요

거의 모든 생명체는
뇌가 있어요.

타조, 코끼리, 지렁이, 그리고
독수리도 뇌가 있어요.
하지만 해면과 해파리처럼
뇌가 없는 동물도 있어요!

재네는 뇌가 없대.

저런,
안됐네!

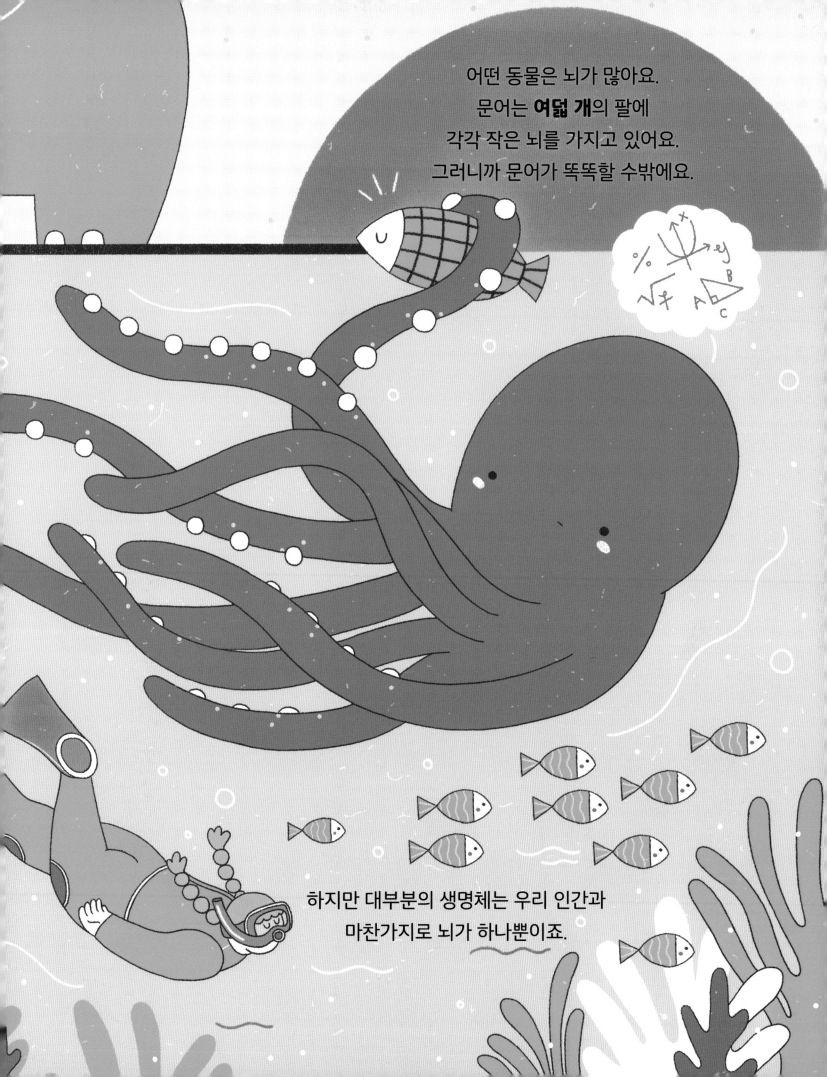

어떤 동물은 뇌가 많아요.
문어는 **여덟 개**의 팔에
각각 작은 뇌를 가지고 있어요.
그러니까 문어가 똑똑할 수밖에요.

하지만 대부분의 생명체는 우리 인간과
마찬가지로 뇌가 하나뿐이죠.

뇌의 크기는 매우 다양해요.

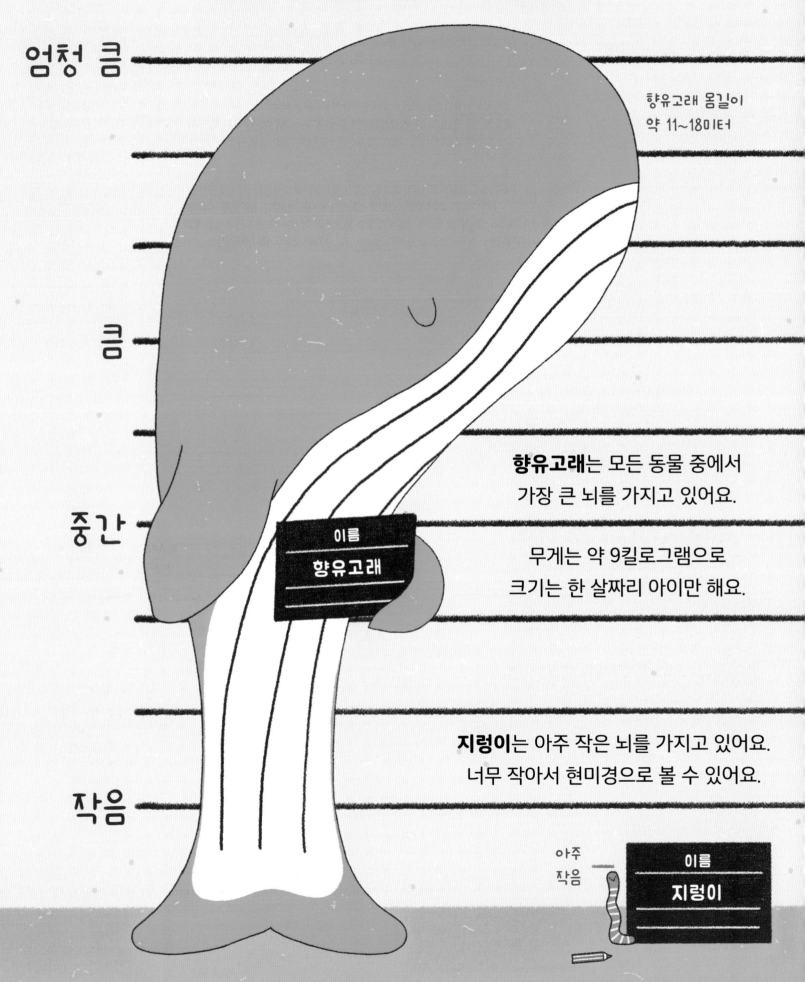

엄청 큼

큼

중간

작음

향유고래 몸길이
약 11~18미터

향유고래는 모든 동물 중에서
가장 큰 뇌를 가지고 있어요.

무게는 약 9킬로그램으로
크기는 한 살짜리 아이만 해요.

이름
향유고래

지렁이는 아주 작은 뇌를 가지고 있어요.
너무 작아서 현미경으로 볼 수 있어요.

아주
작음

이름
지렁이

뇌 크기가 궁금해

240센티미터

다 큰 성인의 뇌 무게는 1.3킬로그램 정도이고, 크기는 커다란 자몽만 해요.

180센티미터

이름
어른

120센티미터

갓 태어난 아기의 뇌 무게는 400그램으로
크기는 큰 오렌지만 해요.

60센티미터

나는 너의 뇌랑
크기가 같아

이름
아기

머릿속의 뇌를 보호해 주는 건 무엇일까요?

출입 금지!

이크

뇌는 **두개골** 안에 있어요.
두개골은 뇌를 보호해 주는
갑옷 역할을 해요.

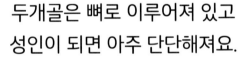

두개골은 뼈로 이루어져 있고
성인이 되면 아주 단단해져요.

우아

성인이 될 때까지, 두개골은 뇌가 성장할 수 있는
공간을 마련해야 해요. 놀랍게도,
우리 뇌의 4분의 3은 **태어나서 2년 동안** 빠르게 성장하며,
나머지 4분의 1은 18살까지 천천히 성장해요.

그렇다면 왜 뇌를 보호해야 할까요?
뇌는 매우 연약해요.
만져 보면 마치 젤리 같은
느낌이 들어요.

뇌는 **척수액**이라는
특별한 액체 속에 있어서,
우리가 마구 움직여도
주변에 부딪히지 않아요.

신경 세포
(뉴런)

신경 교세포
(글리아)

그렇다면 뇌 안에는 무엇이
들어 있을까요?

뇌에는 아주 작은 뇌세포가
수천억 개나 있어요.
이 세포들은 **신경 세포**(생각하는 세포)와
신경 교세포(돕는 세포)로
이루어져 있어요.

뇌는 어떤 모습일까요?

우리의 모든 행동과 감각을 뇌의 특별한 부분들이 조절하고 있어요.

뇌는 두 쪽으로 나뉘어 있고,
각각 네 개의 엽이 있어요.
이마엽, 마루엽, 뒤통수엽,
그리고 **관자엽**이에요.
뇌줄기와 **소뇌**도 있어요.

이마엽은 우리 몸의 움직임, 말하기, 생각을
정리하는 일을 해요. 멋진 생각이 떠오르는 건
이마엽 덕분이에요!

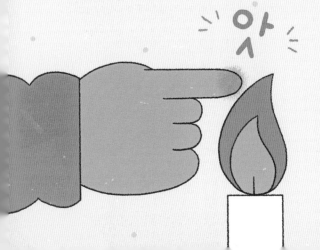

마루엽은 촉감을 느끼게 하는 일을 해요.
무언가 뜨겁거나 차가울 때를 알게 해 줘요.

뒤통수엽은 눈으로 보는 신호를 받아서
무엇을 보고 있는지 알게 해 줘요.

관자엽은
소리를 듣고
기억하는 것을
도와줘요.

뇌줄기는 뇌의 아래쪽에 있어요. 얼굴을 움직이고
뇌가 몸 전체와 소통할 수 있도록 도와줘요.

그리고 뇌 뒤쪽에 있는 **소뇌**를 잊으면 안 돼요.
소뇌는 콜리플라워처럼 생겼어요.
우리 몸의 균형감과 세밀한 움직임을 조절하지요.

테니스를 칠 때, 춤을 출 때,
수영을 할 때
소뇌가 도와줘요.

좌뇌와 우뇌,
어떻게 작동할까요?

뇌는 좌뇌와
우뇌로 나뉘며
신경 다발로
연결되어
있어요.

좌뇌에게

'으뜸'을 뜻하는
다른 단어는 뭐가 있어?
— 오른손이

좌뇌는 몸의 오른쪽을,
우뇌는 몸의 왼쪽을 움직여요.

그러니까 왼손으로
무언가를 만지면 그 감각 신호가
우뇌로 전달되는 거예요.

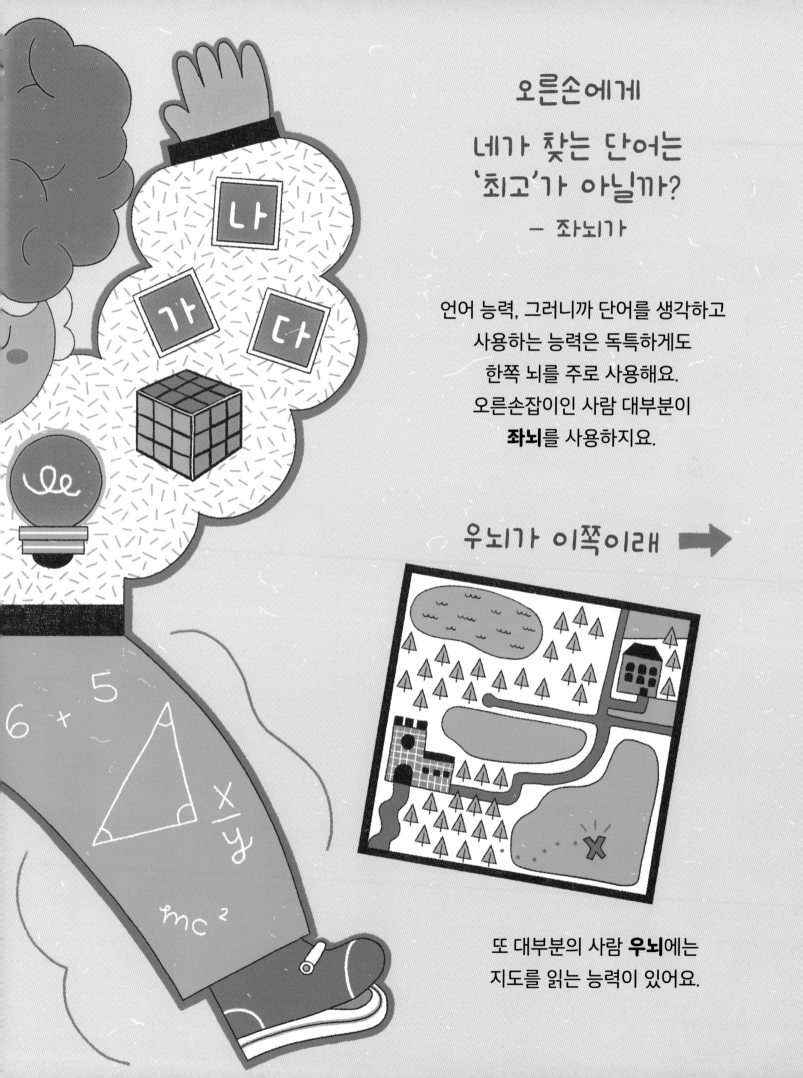

오른손에게

네가 찾는 단어는
'최고'가 아닐까?
— 좌뇌가

언어 능력, 그러니까 단어를 생각하고
사용하는 능력은 독특하게도
한쪽 뇌를 주로 사용해요.
오른손잡이인 사람 대부분이
좌뇌를 사용하지요.

우뇌가 이쪽이래 ➡

또 대부분의 사람 **우뇌**에는
지도를 읽는 능력이 있어요.

우리가 어떻게 운동하고, 무엇을 그리며, 문제를 어떻게 해결하는지, 모두 뇌가 책임지나요?

맞아요! 공을 던지려고 할 때 어떤 일이 벌어지는지 보세요.

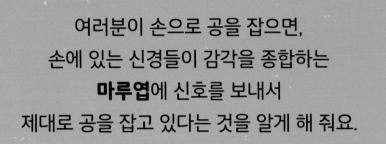

여러분이 손으로 공을 잡으면,
손에 있는 신경들이 감각을 종합하는
마루엽에 신호를 보내서
제대로 공을 잡고 있다는 것을 알게 해 줘요.

준비
완료!

공을 던질 곳을
바라보면 눈이 신호를
뒤통수엽으로 보내요.
(기억나요? 뒤통수엽은 시각을
담당하는 부분이에요.)

공을 던지기 위해 팔을
움직일 때,
이마엽에서 던지는 팔로
신호를 보내요.

빠앙!

빵빵!

공을 놓쳐서 길 위로
굴러가 버렸어요! 괜찮아요,
관자엽에 있는 기억들이
공을 주우러 가기 전에
조심하라고 알려 주니까요.

달리기, 색칠하기, 노래 부르기, 그림 그리기 등
우리가 하는 모든 일은 뇌의 여러 부분이
함께 협력해야 가능해요.

뇌는 몸의 다른 부분이 무엇을 해야 할지 어떻게 알려 줄까요?

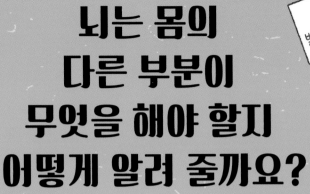

뇌는 **척수**와 연결되어 있어서 뇌에서 보내는 모든 신호가 팔과 다리를 포함한 몸의 모든 부분으로 전달될 수 있어요.

뇌는 심지어 새끼발가락에도 신호를 보낼 수 있어요.

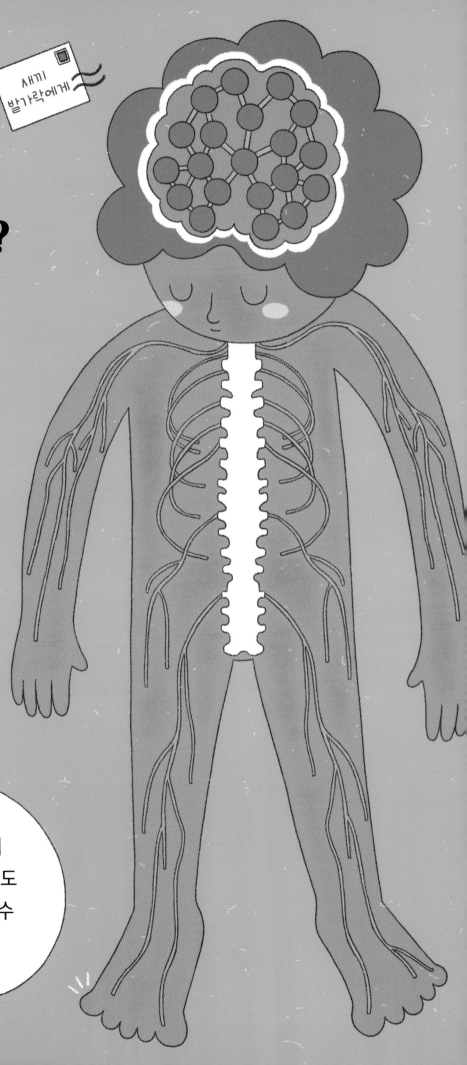

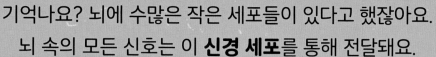

기억나요? 뇌에 수많은 작은 세포들이 있다고 했잖아요.
뇌 속의 모든 신호는 이 **신경 세포**를 통해 전달돼요.

뇌의 신경 세포는 주변의 많은
신경 세포들과 연결되어 있어서
뇌 전체에 신호를 보낼 수 있어요.
뇌에는 약 100조 개의
연결이 존재해요.

신경 세포는 전기와 화학 물질을 이용해
다른 신경 세포에 신호를 보내요.
이러한 신호는 팔과 다리의 움직임 같은
모든 행동을 제어해요.
마치 사람들이 줄을 서서
서로의 손을 차례로 잡으며
연결되는 모습과 같지요.

기억은 나 자신을 특별하게 만들어요.

우리 모두는 각자가 가진 다양한 경험의 집합체로 이루어져 있어요.
기억은 뇌의 여러 부분에 저장되어 있으며, 그 기억이 모여 나를 만들어 가요.
할머니가 나를 안아 주셨던 순간이나 할아버지가 이야기를 읽어 주셨던 순간의 기억은
어떻게 저장되는 걸까요? 먼저 우리가 어떤 기억을 떠올리면 그 기억에
감정이 연결되고 그것이 저장되는 **대뇌 겉질**(뇌의 겉부분)로 보내져요.

대뇌
겉질

하지만 겉질에 도달하기 전에 먼저 해마와 편도체를 거쳐야 해요.
만약 해마가 다치면 새로운 기억을 만들 수 없게 돼요.

새로운 기억 ↓

해마는 기억이 형성되는 뇌로 가는 관문이거든요. 해마는 관자엽 안쪽에 있는데, 실제 모양도 바다 동물 해마를 닮았어요.

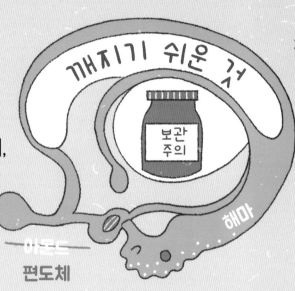

깨지기 쉬운 것

보관주의

아몬드
편도체

해마

편도체는 해마 바로 옆에 있어요. 모양이 마치 아몬드처럼 생겼지요. 편도체가 라틴어로 무엇을 뜻하는지 아세요? 맞아요! 아몬드입니다.

편도체는 **감정**을 느끼고 감정을 **기억**과 연결하는 역할을 해요.

아몬드

지금 갑자기 아몬드 맛이 떠오르면서 배가 고프다고요?

그것은 아마도 언젠가 아몬드를 먹었던 행복한 기억 때문일 거예요.
그 또한 대뇌 겉질, 해마, 그리고 편도체가 연결되어 만들어진 것이죠.

어디선가 맛있는 냄새가 난다고요?

부엌에 들어갔을 때나 도시락을
열었을 때 음식 냄새가 나죠?
그것은 음식이 눈에 보이지 않는
작은 입자들을 공기 중에 내보냈고,
그 입자들이 여러분의 콧속으로
들어갔기 때문이에요.

콧속에는 신경 세포의 끝부분인 **신경 말단**이 있어요.
작은 입자들이 신경 말단에 닿으면, 신경 말단에서
뇌에 정말 맛있는 냄새를 맡았다는 신호를 보내요.

우리 뇌는 어떤 냄새가 좋은지, 어떤 냄새가
나쁜지에 대한 기억을 가지고 있어요.

누군가 이 책을 읽어 주고 있나요?

만약 이 책을 소리로 듣고 있다면 청각이 잘 작동하고 있는 거예요!
책을 읽어 주는 사람이 입으로 내는 소리는 **음파**가 되어 공기를 통해 귀로 전달돼요.

음파는 **고막**을 진동시키고, 진동은 고막에 연결된
세 개의 작은 뼈로 전달돼요. 이 뼈들은 진동을 증가시켜 **내이**로 보내고,
그곳에서 전기 신호로 변해서 **달팽이관**으로 전달돼요.
이 신호들은 뇌 속의 신경을 통해
관자엽에 있는 특별한 부분으로 이동해요.

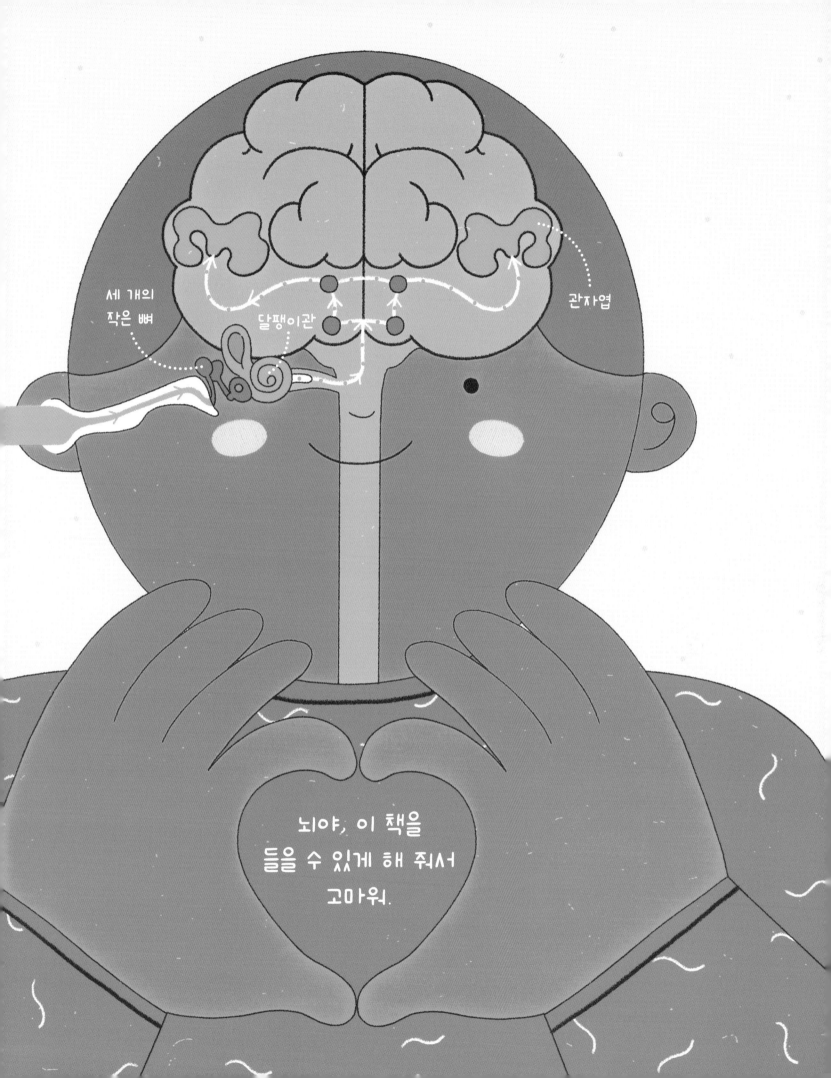

더운가요? 아니면, 추운가요?
뇌는 우리 몸의 체온 조절도 담당하고 있어요.

뇌의 아래쪽에는 체온을 조절하는 부분이 있는데,
이것을 **시상하부**라고 불러요.

시상하부는 집의 온도 조절기처럼
너무 덥거나 춥지 않도록 해 주는
역할을 해요.

여름이 끝날 무렵 바닷가에서 수영해 본 적 있나요?
물이 엄청 차가웠을 때 말이에요.

물에서 나오자 몸이 떨리기 시작했죠?
시상하부가 우리를 따뜻하게 해 주려고 그런 거예요!
시상하부는 모든 근육에 신호를 보내서 몸을 빠르게 흔들어요.
뇌의 도움이 없었다면 몸이 얼어 버릴 수도 있었을 거예요.

뇌의 안쪽을 어떻게 볼 수 있을까요?

신경 과학은 뇌를 연구하는 학문이에요. 뇌의 모습을 촬영하고
뇌가 어떻게 작동하는지 확인하는 다양한 방법이 있어요.

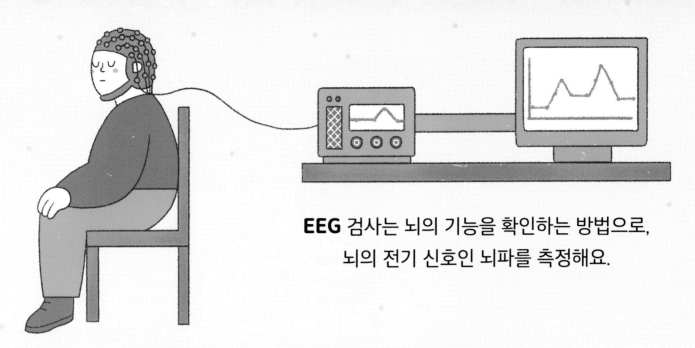

EEG 검사는 뇌의 기능을 확인하는 방법으로,
뇌의 전기 신호인 뇌파를 측정해요.

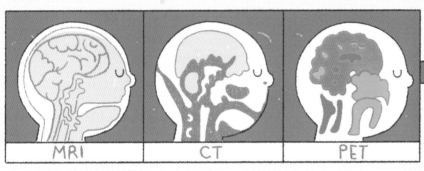

MRI는 자기장 기술을 사용해
뇌의 자세한 사진을 찍어요.
뇌 구조를 보기 좋아요.

CT는 낮은 방사선량을 사용해
뇌를 검사하는 방법이에요.
뇌 손상을 빠르게 확인할 수 있어요.

PET는 뇌가 어떻게 활발하게 작동하는지
보여 주는 사진을 찍을 수 있어요.

이와 같은 다양한 기술을 통해 우리의 뇌가
제대로 작동하고 있는지 확인할 수 있답니다.

수면과 뇌

잠은 정말 정말 중요해요.
피곤한 상태로 잠자리에 들었는데, 일어날 땐 개운했다고요?
그건 잠을 푹 잤기 때문이에요.

고민거리를 안고 잠자리에 들었다가 해결책을 찾을 때도 많죠.
어떤 문제는 그냥 잠을 자는 것만으로도 해결되거든요.
잠을 충분히 못 자면 어떻게 되는지 다 알죠?
짜증이 나고 기분이 좋지 않죠.

잠이 부족하면 이런 책도 집중해서 읽기 힘들어져요.

잠은 뇌를 **회복**시켜 줘요. 충분한 수면이 없으면
잘 생각할 수 없고, 병에 걸릴 가능성도 높아져요.

낮 동안 이루어진 신경 세포의 **연결**은 깊은 잠을 통해 강해져요.
아기들이 그렇게 많이 자는 건 아마 그 때문일 거예요.
처음으로 세상에 대해 배우고 있으니까요.
과학자들은 **꿈꾸는 것**이 뇌 발달에도
중요한 역할을 한다고 생각하고 있어요.

그러니 이 책을 읽느라
너무 늦게까지 깨어 있지는 마세요!

어떻게 하면 머리가 좋아질까요?

뇌를 건강하게 유지하는 방법은 여러 가지가 있어요.
채소와 **생선**이 풍부한 식단은 뇌를 오랫동안 원활하게 작동하게 해 줘요.
충분한 잠도 뇌에 아주 좋아요. 자는 동안 뇌는 낮에 했던 일을 되새기거든요.
그러니까 잠을 푹 자면 실제로 더 똑똑해질 수 있어요!

규칙적인 운동은 뇌가 명확하게 생각하도록 도와주고 기억력도 좋아져요.
배우고 연습하는 것도 뇌에 아주 좋지요. 많이 **공부**할수록
기억력이 좋아지고 더 다양한 지식을 쌓을 수 있어요.

머리가 좋아지는 또 다른 방법은 친구들과 어울리는 거예요.

친구나 가족과 **함께하는 시간**은 우리를 행복하게 만들고,
생각을 더 명확하게 해 줄 수 있어요.

나의 꿈

우리의 뇌는 놀라워요!

주변을 둘러보세요. 방 안에 있는
모든 것들은 누군가의 뇌에서
시작된 아이디어였어요. 그 아이디어가
실제 물건으로 바뀔 때까지,
그 사람은 뇌의 여러 부분을
활용했을 거예요.

아이디어를 나눌 때에도 뇌가 큰 역할을 하지요.

엄청나게
기발한
계획

여러분의 놀라운 뇌가
어떤 일을 해낼지
정말 궁금해요!

용어 풀이

신경 세포 뇌에서 생각을 담당하는 세포

신경 교세포 뇌에서 신경 세포에 도움을 주는 세포

이마엽 움직임과 말하기를 조절하고 생각을 정리하는 뇌의 부분

마루엽 촉각을 담당하는 뇌의 부분

뒤통수엽 눈으로부터 오는 정보를 받아들이고 우리가 보는 것을
　　　　　인식하게 해 주는 뇌의 부분

관자엽 청각과 기억을 담당하는 뇌의 부분

뇌줄기 뇌의 아래쪽에 위치하며 얼굴을 조절하고 뇌가
　　　　몸의 나머지 부분과 소통할 수 있게 해 주는 부분

소뇌 뇌의 뒤쪽에 위치하며 세밀한 조정 능력을 담당하는 부분

겉질 기억이 저장되는 뇌의 겉부분

해마 관자엽 내부에 위치하며 기억이 형성되는 뇌로 가는 관문

편도체 해마 옆에 위치하며 감정과 기억을 연결해 주는
　　　　역할을 하는 부분